AF501097

RECHERCHES

SUR

L'ASSIMILATION DU CARBONE PAR LES FEUILLES DES VÉGÉTAUX,

1er Mémoire.

PAR M. CORENWINDER,

Membre de la Société des Sciences de Lille, Correspondant de la Société Impériale et Centrale d'Agriculture.

On sait depuis un petit nombre d'années, par les expériences de MM. Boussingault et Lewy, que le sol est un immense réservoir d'acide carbonique et que les végétaux y puisent probablement une grande partie du carbone nécessaire à leur organisation.

J'ai démontré de mon côté (1) que les engrais, et en général toutes les matières organiques altérées que renferme le sol, répandent constamment dans l'atmosphère du gaz carbonique en quantité variable suivant leur état de décomposition, leur humidité et l'élévation de la température.

La terre étant éminemment poreuse, il n'est pas douteux qu'il se fait constamment entre l'atmosphère proprement dite et l'atmosphère confinée dans le sol, un échange continuel d'éléments par voie de diffusion. Incessamment, l'oxigène brûle les matières organiques

(1) Annales de physique et de chimie, année 1855.

que le sol recèle, incessamment celui-ci exhale dans l'air une partie de l'acide carbonique produit par cette combustion. La division mécanique de la surface du sol facilite cette exhalation.

L'acide carbonique confiné dans le sol y est fixé partiellement par l'eau et par cette attraction qu'exercent en général sur les fluides élastiques les matières poreuses. Les racines des plantes en absorbent, sans nul doute, une certaine quantité à l'état de dissolution, ce qui échappe à l'action de ces forces se répand dans l'atmosphère.

On pourrait croire, au premier examen, qu'on rendra manifeste cette exhalation perpétuelle d'acide carbonique par le sol, en analysant l'air puisé près de sa surface. M.rs Boussingault et Lewy ont constaté que cet air ne renferme pas plus d'acide carbonique que celui qu'on recueille au même moment dans des couches plus élevées de l'atmosphère. Ces savants ayant opéré un jour où le vent soufflait avec assez de force, il devenait intéressant de répéter l'expérience par un temps calme. Plusieurs fois cette circonstance s'étant réalisée pendant le cours de mes observations, j'ai aspiré de l'air à un centimètre du sol, et j'ai constaté qu'il ne contenait que de faibles proportions d'acide carbonique comme celui qui réside à plusieurs mètres d'élévation.

Ce phénomène est tout naturel. Le gaz carbonique qui émane de la terre et des engrais n'est qu'une très minime fraction du volume de l'atmosphère. Il s'y répand avec une rapidité excessive, dispersé par les brises ou les vents. Même par un temps calme, ce gaz entre instantanément en diffusion dans l'immense océan aérien et s'y fixe suivant des conditions d'équilibre dont on ne connaîtra peut-être jamais la loi mathématique.

Quoi qu'il en soit, ce gaz carbonique émané du sol est absorbé certainement en partie par les feuilles des végétaux. Lorsque celles-ci couvrent la surface de la terre, elles contrarient sans doute jusqu'à un certain point la libre diffusion de ce gaz, et alors il peut être assimilé par elles sous l'influence directe des rayons du soleil.

J'ai entrepris des expériences pour démontrer que ce phénomène se réalise probablement dans la nature.

Voici en général comment j'ai opéré :

Sous une grande cloche en verre, je plaçais un pot à fleurs contenant des plantes végétant dans le sol où elles avaient été semées ou repiquées. La cloche, dont les bords inférieurs avaient été usés, était lutée sur une plaque de verre avec du mastic de vitrier. A l'aide d'un grand aspirateur (fig. 1), je faisais passer au travers de la cloche un courant d'air extérieur, qui chassait peu à peu l'air qu'elle contenait, et par conséquent l'acide carbonique qui pouvait s'y produire.

Dans les éprouvettes D et E se trouvait de la dissolution concentrée de baryte ; la première était destinée à retenir cet acide carbonique, et la seconde E, à attester qu'il n'en échappait pas à l'action de la dissolution D.

Le premier jour, le pot et la plante étant sous la cloche, je recueillais dans le récipient l'acide carbonique exhalé, et j'en dosais la quantité, s'il y avait lieu, à l'état de carbonate de baryte.

Le lendemain, je coupais la plante au niveau du sol, et je remettais en expérience le pot seul avec sa terre. Pendant le même temps que la veille, je faisais couler l'aspirateur afin de connaître l'acide carbonique produit par cette terre et les racines de la plante.

Presque constamment, le lendemain, la production de carbonate de baryte était plus considérable que la veille, et conséquemment une partie, souvent la totalité, de l'acide carbonique exhalé par la terre et les racines, avait été absorbée par le végétal.

I.

Dans les expériences décrites dans ce premier chapitre, j'avais supprimé la boule A et le tube B (figure 3), et qui sont destinés à retenir l'acide carbonique de l'air. Opérant à la campagne, loin d'un grand centre de population, j'avais observé que la quantité de gaz carbonique contenue dans l'atmosphère est peu variable et que ce gaz s'y trouve, du reste, en si faible proportion, qu'il ne peut pas exercer une influence bien puissante sur les résultats de mes essais. D'ailleurs, mes expériences essentiellement comparatives étaient faites dans des temps égaux, et l'aspirateur coulant avec une vitesse régulière, il passait dans la cloche, le lendemain, le même volume d'air qui l'avait traversée la veille.

Ces observations duraient généralement de 9 heures du matin à 5 heures du soir. L'aspirateur ayant 25 litres de capacité, la vitesse était donc d'environ 3 litres par heure. Toutefois, pendant la dernière demi-heure, je faisais couler l'eau avec plus de vitesse, pour *balayer* l'acide carbonique qui pouvait se trouver en excès dans l'air de la cloche.

Première expérience.

Jeunes plantes de Thlaspi.

Je plaçais sous la cloche un pot contenant quatre pieds de thlaspi sains et bien vigoureux, ayant 12 à 15 centimètres de hauteur.

Le premier jour, en présence des plantes, par un temps clair mais à la lumière diffuse, je recueillis dans le récipient D une quantité de carbonate de baryte qui contenait 24 centimètres cubes d'acide carbonique.

Le lendemain, les plantes ayant été coupées au niveau du sol, la terre, les racines et l'air extérieur fournirent une quantité de carbonate de baryte contenant 41 centimètres cubes d'acide carbonique.

En résumé :

La terre, les racines et l'air produisirent.	41^ccc^	acide carbonique.
Avec les plantes	24	id.
Différence.	17	id.

On peut donc conclure de cette expérience que ces pieds de thlaspi avaient absorbé, en huit heures, à la lumière diffuse, 17 centimètres cubes d'acide carbonique.

La température varia de 8 à 13° dans le cours des opérations.

Deuxième expérience.

Jeunes plantes de pois.

Cette expérience fut faite avec 12 jeunes plantes de pois végétant dans de la terre franche. Elles avaient environ 20 centimètres de hauteur. On opéra à la lumière diffuse, temps clair, température moyenne, 14°.

Acide carbonique obtenu sans les plantes............ 16ccc

Avec les plantes............................ 8

Acide carbonique absorbé par ces pois............. 8

Troisième expérience.

Plante de laitue. Elle fut faite sur une plante de laitue bien verte, de 15 centimètres de diamètre. Le temps fut froid et variable, température, 8 à 10°.

Acide carbonique obtenu sans la plante............. 17ccc

Avec la plante.............................. 0

17

Cette plante, déjà volumineuse du reste, fixa donc tout le carbone contenu dans 17 centimètres cubes d'acide carbonique.

Quatrième expérience.

Jeunes plantes de pois. Ces plantes furent exposées environ quatre heures à l'ombre et quatre heures au soleil, température, 23 à 24°. Aussi absorbèrent-elles une proportion plus considérable d'acide carbonique. Elles avaient en moyenne 40 centimètres de hauteur.

Acide carbonique obtenu sans les plantes........... 67ccc

Avec les plantes............................ 10

Différence..... 57

Ces pois avaient donc décomposé en huit heures 57 centimètres cubes d'acide carbonique.

Cinquième expérience.

Jeunes carottes. Douze pieds de petites carottes de 16 à 18 centimètres de hauteur furent exposés pendant environ quatre heures à l'ombre et quatre heures au soleil. La température s'éleva de 25 à 30°.

Acide carbonique obtenu sans les plantes............	75ccc
Avec les plantes............................	0
Différence.....	75

Ces végétaux avaient donc absorbé tout l'acide carbonique exhalé par la terre, les racines et celui qu'avait apporté dans la cloche l'air atmosphérique aspiré à l'extérieur.

Je ne prétends pas que dans la nature tout le gaz carbonique émané du sol peut être quelquefois absorbé complètement par les végétaux qui vivent à sa surface, comme dans la dernière expérience. Ce gaz entrant en diffusion dans l'atmosphère avec une rapidité excessive, il est probable qu'il échappe en partie à l'action des végétaux, et s'il en était autrement, les arbres qui atteignent une plus grande hauteur pourraient ne pas avoir à leur disposition tout le carbone nécessaire à leur développement.

Du reste, ces dernières expériences n'étant pas susceptibles de précision et ne pouvant pas servir à déterminer, même approximativement, ce qu'une plante assimile de carbone sous l'influence du soleil, je ne les ai pas continuées. On verra plus loin par quels procédés j'ai fait cette recherche, et les résultats que j'ai obtenus.

II.

Les plantes exhalent souvent de l'acide carbonique pendant le jour à la lumière diffuse, surtout dans leur première jeunesse ; dans l'âge adulte elles ont généralement moins cette propriété.

Une expérience faite dans les mêmes conditions que les précédentes me donna des résultats tout différents.

J'opérais avec de jeunes plantes de lychnide (lychnis chalcedonica) ayant de 15 à 20 centimètres de hauteur.

A l'ombre, pendant huit heures, les plantes, la terre, les racines et l'air aspiré fournirent en acide carbonique...........	70ccc
Le lendemain, les tiges ayant été coupées au niveau du sol, les racines, la terre et l'air ne me donnèrent que....	38
Différence.............	32

Ces jeunes végétaux exhalèrent donc à l'ombre de l'acide carbonique, au lieu d'en absorber.

Ce résultat fixa mon attention et je pris la résolution d'utiliser mon appareil pour expérimenter sur un certain nombre de végétaux, et déterminer, s'il est possible, dans quelles conditions ils exhalent de l'acide carbonique pendant le jour, si cette propriété est inhérente à un grand nombre d'entr'eux, ou si elle n'est qu'accidentelle.

Désirant établir des faits rigoureux et incontestables, je n'opérai que sur des végétaux sains et vigoureux, croissant dans le sol où ils avaient été semés ou repiqués.

J'ajoutai à l'appareil décrit précédemment la boule de Liébig A, contenant de la potasse caustique et l'éprouvette B, dans laquelle se trouvait de l'eau de baryte. La potasse caustique était destinée à retenir l'acide carbonique de l'air, et l'eau de baryte à attester que cet acide était entièrement fixé dans la boule.

Mon appareil, dans son ensemble, est représenté fig. 3.

Ce qui me présentait le plus de difficultés, c'était d'isoler convenablement la plante, mise sous la cloche, de la terre dans laquelle elle végétait. Après bien des essais infructueux, je me décidai à faire usage du moyen suivant dont j'eus lieu d'être fort satisfait.

Je me procurai deux plaques de tôle, assez épaisses pour qu'elles ne pussent pas se déjeter, et j'y fis pratiquer deux échancrures comme on le voit dans la figure 2.

Une de ces plaques étant posée sur le pot ou sur deux briques en bois, de manière que la tige se trouvât au fond de la rainure, j'entourais cette tige d'un peu de papier métallique et d'un bourrelet de mastic de vitrier. Je posais ensuite l'autre plaque en sens inverse de la première en la comprimant avec force sur ce bourrelet. Enfin, je remplissais la rainure supérieure avec une petite lame de métal.

Il suffisait alors de luter convenablement la circonférence de la tige avec le cercle formé par les deux lames de métal. Le mastic de vitrier me servait encore en cette occasion ; je le recouvrais ensuite de plusieurs couches de vernis à la gomme laque, ainsi que les joints de la petite lame de métal emplissant l'échancrure supérieure, et je laissais sécher ce vernis.

Je me suis assuré par un long usage que cette disposition bien simple, presque grossière, était très satisfaisante. Jamais l'air extérieur ne pénétrait dans la cloche par le centre des plaques de tôle, lorsque l'aspirateur y déterminait une certaine diminution de pression.

Le contact de mastic de vitrier n'altérait nullement les plantes, surtout quand elles avaient des tiges ligneuses. Quand celles-ci étaient herbacées, les plantes se conservaient fraîches pendant bien longtemps, et comme mes expériences avaient peu de durée, il n'y avait pas à craindre de cause d'erreur de ce côté.

La plante étant ainsi isolée de son sol, je la couvrais d'une grande cloche en verre, bien rodée sur ses bords inférieurs, dressée sur la plaque de tôle, et je lutais avec du bon mastic de vitrier. (1) Il suffisait ensuite de mettre cette cloche en communication par des tubes de caoutchouc avec les autres parties de mon appareil.

Comme dans les expériences précédentes, les éprouvettes D et E contenaient de la dissolution de baryte. La première servait de récipient. Sur le tube abducteur plongeant dans cette dissolution, je plaçais un petit diaphragme en platine, percé de trous pour contrarier le dégagement du gaz carbonique, et l'obliger à séjourner un court instant dans le liquide absorbant.

Pour éviter des redites fatigantes, je fais observer que c'est cet appareil qui m'a servi dans toutes les expériences suivantes. Je faisais couler l'eau de l'aspirateur avec une vitesse constante, et j'ai du reste constaté plusieurs fois que même avec un courant très rapide de 10 à 12 litres par heure, l'air était dépouillé de tout son acide carbonique par la potasse de la boule A, et que le même acide qui pouvait se produire dans la cloche était retenu dans le récipient D.

---

(1) Je me suis assuré, bien entendu, que mon appareil vide ne dégageait pas sensiblement d'acide carbonique.

La description que je viens de donner de la méthode suivie dans ces observations, fait comprendre que lorsque j'annonce qu'une plante a exhalé de l'acide carbonique, j'entends que cet acide a été attiré *hors de la sphère d'activité* de cette plante et retenu par la dissolution de baryte concentrée dans le récipient D.

Il est bon de fixer les idées à cet égard pour éviter les contradictions.

Pour vérifier le fait constaté dans l'expérience précédente, je fis une observation, dans les conditions que je viens d'exposer, sur une jeune plante de lychnide de 20 centimètres de hauteur. Pendant le jour, à l'ombre, cette plante exhala constamment de l'acide carbonique. Un mois plus tard, j'opérai dans mon jardin sur une tige de la même plante, ayant atteint 60 à 70 centimètres de hauteur, et quoique le temps fût sombre et pluvieux, l'eau de baryte resta limpide dans le récipient D pendant toute la journée, elle ne commença à se troubler que vers le soir. Cette plante, plus développée, n'expira donc plus d'acide carbonique susceptible d'être entraîné hors de sa sphère d'activité.

Je constatai aussi que des tiges naissantes de pois, de jeunes fèves, les feuilles récemment épanouies du lilas, du lupin, les bourgeons du maronnier, etc. exhalent pendant le jour, à l'ombre, des proportions variables d'acide carbonique. Beaucoup de jeunes végétaux qui ont cette propriété, la perdent dans un état de développement plus avancé.

Un grand nombre de végétaux adultes non seulement n'expirent pas d'acide carbonique à l'ombre, mais même, si l'on supprime la boule A et le tube B, ils décomposent souvent à la lumière diffuse l'acide carbonique de l'air aspiré. C'est ce que j'ai observé avec les plantes suivantes :

L'asphodèle, la fritillaire impériale, la carotte, les pois, la laitue, la giroflée des murailles, la pervenche (vinca major), le fuschia, la morelle (solanum peruvianum), le laurier (nerium oleander), le thlaspi, la violette.

Enfin, j'ai constaté que les végétaux suivants expirent constamment de l'acide carbonique pendant le jour à l'ombre, quelquefois en proportions considérables, ce sont :

Le colza, le tabac, le soleil (Hélianthus annuus), le lupin, le noisetier pourpre, le chou rouge, l'ortie commune.

L'ortie commune est très remarquable par la grande quantité d'acide carbonique qu'elle exhale à l'ombre ; mais aussitôt que cette plante est soumise à l'influence des rayons solaires, cette exhalation cesse. C'est ce qu'on peut constater en changeant le récipient D au moment de l'insolation. Pendant aussi longtemps que le soleil agit, l'eau de baryte reste parfaitement limpide, quelle que soit la vitesse de l'aspirateur.

Généralement, du reste, en opérant dans les mêmes conditions, j'ai toujours remarqué que tout dégagement d'acide carbonique cesse quand les plantes sont soumises aux rayons du soleil. Du moins, jusqu'à présent, je n'en ai pas trouvé qui fissent exception à cette règle.

Il y a donc des végétaux qui exhalent du gaz carbonique pendant le jour, d'autres qui n'en exhalent pas, au moins dans les conditions où j'ai opéré. Toutefois, ainsi qu'on le verra dans le chapitre suivant, la quantité de ce gaz que certaines plantes expirent à l'ombre n'est qu'une minime fraction de ce qu'elles absorbent sous l'influence des rayons solaires. Ce phénomène est, du reste, très variable et dépend de circonstances nombreuses, telles, l'intensité de la lumière diffuse, l'âge de la plante et son état de santé, aussi faut-il toujours opérer sur des végétaux dont les organes ne présentent aucune altération.

Le dégagement diurne d'acide carbonique, se rattachant probablement à une fonction physiologique importante, ce n'est que lorsque l'on aura fait de nombreuses expériences sur une multitude de végétaux qu'on pourra peut-être arriver à en connaître la cause. Ce phénomène ayant déjà été aperçu par les physiologistes, on a formulé pour l'expliquer des systèmes nombreux que je ne condamne ni n'approuve, mais que je crois prématurés. Je me suis dispensé de mon côté d'énoncer à ce sujet des hypothèses qui souvent ne satisfont que leurs auteurs, persuadé que, dans les sciences naturelles, il faut conclure avec circonspection, et que les théories préconçues sont souvent plus nuisibles qu'utiles à leur développement.

Je reviendrai, du reste, sur ce sujet lorsque j'aurai exposé les résultats de mes expériences sur l'expiration nocturne des végétaux.

III.

Les plantes absorbent pendant le jour, sous l'influence des rayons solaires de grandes quantités d'acide carbonique. Quelquefois elles en absorbent aussi, mais en faibles proportions, à la lumière diffuse.

La découverte de l'assimilation du carbone par les feuilles des végétaux sous l'influence des rayons solaires est une des plus brillantes du 18e siècle. Elle doit être attribuée à plusieurs savants illustres tels que Bonnet, Priestley, Ingen Housz, Sennebier et surtout à De Saussure qui, par de nombreuses expériences sur la végétation (1) a prouvé d'une manière incontestable qu'au soleil les feuilles des plantes absorbent l'acide carbonique, fixent du carbone et expirent de l'oxigène.

Les expériences de Saussure manquaient de précision parce qu'au lieu d'opérer sur les végétaux placés dans des conditions normales, il avait expérimenté généralement sur des plantes séparées de la terre où elles s'étaient développées et dont il entretenait la vitalité en plongeant leurs racines dans un peu d'eau.

Il était réservé à M. Boussingault, qui apporte toujours dans ses expériences le cachet d'une exactitude rigoureuse et dont les travaux éminents ont fondé les véritables bases de la physique végétale, il lui était réservé, dis-je, de prouver le premier sur un végétal attenant au

---

(1) Recherches chimiques sur la végétation, 1 vol. 1804.

sol, la loi de l'assimilation du carbone par les feuilles sous l'influence des rayons du soleil.

M. Boussingault n'ayant opéré que sur une branche de vigne, j'ai voulu profiter de mes moments de loisir et de mon séjour à la campagne pour faire des observations analogues sur un grand nombre de végétaux attenants au sol où ils s'étaient développés, afin d'apprécier, s'il était possible, la proportion approximative de carbone qu'ils sont susceptibles de fixer par leurs feuilles dans des conditions déterminées.

Ces expériences m'offraient un grand intérêt, parce que l'on ignore encore quelle peut être la puissance assimilatrice des végétaux pour le carbone. Il me semblait intéressant surtout de rechercher si le carbone assimilé pendant le jour est en quantité supérieure à ce qui est exhalé pendant la nuit.

Ce sont ces questions que j'ai voulu éclaircir. On jugera si je suis arrivé à des résultats dignes de fixer l'attention.

Pour apprécier ce qu'une plante peut absorber de gaz carbonique dans un temps et dans des circonstances données, il me vint naturellement à l'idée de faire passer dans la cloche de mon appareil une quantité connue de gaz, en présence de cette plante; et après un certain temps d'aspirer l'air de cette cloche à travers de l'eau de baryte pour mesurer la quantité d'acide carbonique restant et conséquemment par différence celle qui avait été absorbée.

Après avoir essayé bien des dispositions d'appareil plus ou moins compliquées, je me suis arrêté à un moyen facile, grossier presque par sa simplicité, et j'ai eu lieu de me féliciter des résultats qu'il m'a procurés.

Ce moyen consistait tout simplement à mettre en présence de la plante un petit ballon gradué contenant un volume connu d'acide carbonique et renversé sur un godet renfermant une faible quantité d'eau pure (1). Ce petit ballon étant disposé en équilibre sur la plaque de

(1) J'ai reconnu que la présence d'une faible proportion d'eau sous la cloche était sans influence sur les résultats. Cette eau ne pouvait retenir qu'une quantité insignifiante d'acide carbonique, et je me suis assuré d'ailleurs qu'elle n'en retenait pas, cet acide s'évaporant pendant le cours des opérations.

tôle, je posais la cloche de verre et je lutais celle-ci sur la plaque avec du bon mastic de vitrier en agissant avec beaucoup de précautions pour ne pas renverser le petit ballon.

J'adaptais ensuite à la cloche avec un tube de caoutchouc l'éprouvette D contenant un peu d'eau de baryte, et j'exposais cet appareil renfermant la plante, aux rayons du soleil. Le robinet *a* étant fermé, j'attendais quelque temps pour permettre à l'air dilaté de s'échapper par le tube plongeant dans l'eau de baryte et quand le dégagement avait cessé, je renversais le petit flacon en imprimant une légère secousse à l'appareil. S'il s'échappait encore un peu d'air par le récipient D, l'acide carbonique était retenu par la dissolution, et je pouvais en tenir compte ultérieurement.

J'ai constaté qu'en ne mettant qu'une faible couche de dissolution de baryte dans l'éprouvette D, l'air dilaté de la cloche s'échappait totalement à travers ce liquide. Il n'y avait pas à craindre de perte d'acide carbonique pourvu que la cloche fût bien dressée sur le plan qui la supportait et que le mastic fût convenablement appliqué.

Du reste, j'évitais presque totalement cette pression intérieure en préparant mon expérience au soleil.

Au moment précis où le petit ballon était renversé, conséquemment aussitôt que la plante observée était en présence de l'acide carbonique, je marquais l'heure avec exactitude et quand l'insolation avait eu lieu pendant un temps déterminé, ordinairement 30 minutes, je transportais l'appareil à l'ombre et je le mettais en communication d'une part avec la boule et l'éprouvette destinées à retenir l'acide carbonique de l'air, et d'autre part avec les éprouvettes D, E et l'aspirateur.

Je faisais ensuite couler celui-ci avec lenteur, puis avec plus de vitesse. L'acide carbonique qui n'avait pas été absorbé par la plante était retenu par la dissolution de baryte du récipient D. Il suffisait évidemment ensuite de doser le carbonate de baryte obtenu pour déterminer par différence la quantité d'acide carbonique *absorbée par elle et par conséquent le carbone qu'elle avait assimilé.*

Pour dépouiller la cloche de tout le gaz carbonique qu'elle contenait, il fallait aspirer pendant un temps variable, suivant que l'absorption avait été plus ou moins complète. Généralement, après deux heures d'écoulement de l'eau, à l'éprouvette D blanchie par le carbonate, j'en substituais une autre contenant de la dissolution limpide de baryte pour reconnaître si tout le gaz carbonique de la cloche avait été aspiré.

Pour justifier ma manière d'opérer, je dois faire observer que j'ai constaté que l'absorption du gaz carbonique par les plantes est parfois considérable au soleil, mais qu'à l'ombre elle est souvent insignifiante. Je pouvais donc opérer à l'ombre avec une certaine lenteur et apprécier avec une exactitude suffisante le moment où la cloche était dépouillée de toute trace d'acide carbonique.

Du reste, ainsi qu'on le verra, chacune de mes expériences a été faite séparément à l'ombre et au soleil. Il m'était donc facile de tenir compte de la quantité d'acide carbonique absorbée pendant le temps de l'écoulement à l'ombre, ou de la quantité exhalée, lorsque la plante avait la propriété d'expirer ce gaz à la lumière diffuse.

Pour apprécier le degré d'exactitude que comportait cette méthode d'expérimentation, je plaçai sous ma cloche un petit ballon jaugeant 45 centimètres cubes d'acide carbonique, sans y mettre de plante.

L'appareil étant disposé du reste comme d'habitude, je fis couler l'aspirateur pendant le temps convenable et je recueillis 0 g. 401 de carbonate de baryte. Cette quantité de sel représente 44^{ccc} 5 de gaz carbonique. L'approximation est donc plus que suffisante pour des essais où la précision absolue n'était ni possible, ni nécessaire.

Ces préliminaires étant posés, je passe à la description de mes expériences et à la discussion de leurs résultats.

Première expérience.

Colza d'hiver.

Après avoir tenté bien des essais sur un grand nombre de plantes, essais que je passerai sous silence, parce qu'ils manquaient de la précision nécessaire et qu'ils n'ont servi, pour ainsi dire, qu'à me familiariser avec le sujet que je voulais étudier, je commençai au mois d'avril une expérience importante sur un beau pied de colza repiqué depuis longtemps dans un grand pot où il végétait parfaitement.

Ce colza avait 28 centimètres de hauteur;

Il pesait humide............. 58 grammes.
sec................. 4 93

Ainsi que je l'ai annoncé précédemment cette plante a la propriété d'exhaler à la lumière diffuse une quantité notable d'acide carbonique, il m'importait conséquemment de déterminer d'abord la quantité de ce gaz qu'elle est susceptible d'expirer en un temps donné.

Exposée à l'ombre pendant six heures sous la cloche de mon appareil, traversée par un courant d'air modéré, cette plante exhala 16 centimètres cubes d'acide carbonique, soit 2 centimètres cubes 2/3 en une heure.

Le lendemain, ayant mis sous la cloche un petit ballon contenant 110 centimètres cubes d'acide carbonique pur, j'exposai ce colza au soleil pendant 30 minutes. Les rayons de cet astre étaient vifs et chauds; sous leur influence un thermomètre marquait 25 à 28°. Ce temps écoulé, je transportai ma cloche à l'ombre et je recueillis à l'aide de mon aspirateur l'acide carbonique qui restait dans la cloche. Le dépôt de carbonate de baryte recueilli sous le récipient fut de 0 g. 290, ce qui représente 32 centimètres cubes d'acide carbonique (1).

Cette expérience peut donc se résumer ainsi :

(1) Dorénavant, pour simplifier mes démonstrations, j'exprimerai de suite en volume l'acide carbonique recueilli dans la dissolution de baryte.

Mis sous la cloche, acide carbonique...........	110 cc
Acide carbonique absorbé par la baryte.........	32
Différence	78
L'aspirateur ayant fonctionné pendant deux heures à l'ombre, il convient d'ajouter à ce que la plante a pu exhaler dans cette situation, environ...........	5
Quantité d'acide carbonique absorbée en 30′ au soleil................................	83

C'est-à-dire qu'en une heure, cette plante au soleil a pu assimiler le carbone de 166 centimètres cubes d'acide carbonique.

Si l'on suppose donc ce jeune colza soumis pendant douze heures au soleil, en admettant que les circonstances restent les mêmes, il absorberait près de deux litres ou quatre grammes d'acide carbonique, c'est-à-dire qu'il peut assimiler plus d'un gramme de carbone. Ce résultat justifie le développement rapide que prend le colza au printemps, quand il est favorisé par un soleil vif et qu'il règne dans le sol une humidité convenable. Nous discuterons du reste cette question plus tard, quand nous connaîtrons la quantité d'acide carbonique que cette plante a exhalée pendant la nuit.

Deuxième expérience. (1)

Pois. Au mois de mai, je disposai trois plantes de pois qui avaient été semées dans un grand pot et qui étaient saines et bien vigoureuses. Elles avaient en moyenne 40 centimètres de hauteur et pesaient :

Humides.......................	11, 10
Sèches.......................	1, 53

(1) A partir de cette époque, toutes mes observations faites au soleil eurent lieu de 8 à 9 heures du matin, parce que j'ai remarqué que plus tard, lorsque les rayons de cet astre arrivent plus verticalement sur la cloche, les feuilles souffrent et ne sont certainement plus dans des conditions normales.

Je fis à l'ombre une première observation qui dura depuis dix heures du matin jusqu'à quatre heures du soir. L'aspirateur commença à couler à une heure.

Temps clair, température 15 à 20° :

Acide carbonique mis sous la cloche............		58 ccc
id.	retenu par l'eau de baryte... .	45
id.	absorbé en six heures d'ombre..	13

Soit un peu plus de 2 centimètres cubes par heure.

Le lendemain ces plantes furent exposées au soleil pendant 30 minutes, température 30 à 35°, puis on les mit en communication à l'ombre avec l'aspirateur qui coula pendant deux heures.

Acide carbonique mis sous la cloche...........		110 ccc
id..	retenu par la baryte..........	68
	Différence..........	42
id.	absorbé à l'ombre...........	4
id.	absorbé au soleil............	38

Soit en une heure 76 centimètres cubes.

Troisième expérience.

Framboisier. Au mois de mai je fis une observation sur un jeune framboisier qui végétait en pleine terre dans mon jardin. Il avait environ 30 centimètres de hauteur.

En une heure d'exposition au soleil, température 25 à 30°, j'obtins les résultats suivants :

Acide carbonique mis sous la cloche............		110 ccc
id.	recueilli dans la baryte..	44
id.	absorbé par la plante.........	66

Généralement, quand j'opérais sur une plante en pleine terre, je faisais couler l'aspirateur avec rapidité après 45 minutes d'insola-

tion et je changeais ensuite de récipient de dix minutes en dix minutes jusqu'au moment où il n'y avait plus de production de carbonate de baryte dans le dernier récipient employé. De cette manière il m'était facile de connaître l'absorption de la plante à quelques minutes près, et de calculer avec une approximation suffisamment exacte, ce qu'elle avait pu fixer dans l'espace d'une heure.

Les résultats constatés précédemment ne sont pas précis, parce que pendant le cours de l'opération, le soleil fut plusieurs fois voilé par des nuages. J'attendis vainement plusieurs jours afin d'opérer par un ciel pur, mais je fus obligé d'abandonner cette plante pour m'occuper de celles que j'avais en réserve et qui se trouvaient dans une situation convenable pour faire mes observations.

Pendant ces jours de temps variable du reste, j'eus lieu de me convaincre en comparant les dépôts de carbonate de baryte, *que la quantité d'acide carbonique absorbée varie avec l'intensité de la lumière solaire, et qu'elle est certainement en rapport direct avec cette intensité.*

Quatrième expérience.

Féverolle. Je fis cette expérience avec une plante de féverolle de trente centimètres de hauteur.

Elle pesait, humide	15 g.	02
sèche	1	54

J'opérai le 23 mai par un temps sombre et pluvieux, température, 15°.

L'opération dura quatre heures; au bout de deux heures, je fis couler l'aspirateur. Le dépôt de carbonate de baryte que j'obtins étant considérable, je changeai plusieurs fois de récipient pour ne pas laisser d'acide carbonique dans la cloche.

J'obtins un résultat digne d'attention. Ayant mis sous ma cloche 110 centimètres cubes d'acide carbonique, le dépôt de carbonate de baryte fut de 0 g. 990, ce qui représente 109 centimètres cubes 9/10 d'acide carbonique.

Cette plante, par un temps sombre et pluvieux, n'avait donc absorbé ni exhalé aucune trace d'acide carbonique, en continuant du reste l'expérience jusqu'à la chute du jour, l'eau de baryte du récipient demeura parfaitement limpide.

La précision de cette expérience eut lieu de me satisfaire. Outre qu'elle m'apprenait positivement que dans certaines conditions les feuilles des plantes restent stationnaires à l'égard de l'acide carbonique, elle me donnait une nouvelle preuve de l'exactitude du procédé d'observation que j'avais adopté.

Quelques jours après, le temps étant favorable, j'exposai cette plante au soleil pendant une heure, température 20 à 25°.

Acide carbonique mis sous la cloche	110 ccc
id. recueilli dans la baryte...........	17
Acide absorbé en une heure d'insolation........	93

Cinquième expérience.

e lilas. Cette jeune plante avait deux rameaux d'environ trente centimètres de hauteur.

Le 24 mai, par un temps sombre et pluvieux comme celui de la veille, je la soumis à l'observation, température 15°.

L'expérience dura quatre heures. Ayant mis sous la cloche 45 centimètres cubes d'acide carbonique, je recueillis 0 g. 415 de carbonate de baryte, ce qui représente 46 centimètres cubes d'acide carbonique.

Ce jeune lilas avait donc exhalé une faible quantité d'acide carbonique à la lumière diffuse. Je constatai directement ensuite que cette plante jouissait bien de cette propriété.

Le 30 mai, en une heure d'exposition au soleil, ce lilas absorba beaucoup d'acide carbonique, température 25 à 30°.

J'en mis sous la cloche......	110 ccc
Il en resta dans le récipient D....................	8
Différence.................	102

Cette plante avait donc absorbé en une heure, 102 centimètres cubes de gaz carbonique. Pendant le cours de l'opération, plusieurs fois le soleil fut voilé par de faibles nuées.

Le lendemain, par un ciel constamment pur et un soleil vif, ce même lilas absorba, en 45 minutes, 86 centimètres cubes de gaz carbonique, soit 115 ccc en une heure.

Sixième expérience.

Carotte. Cette plante avait 24 à 25 centimètres de hauteur.

A la lumière diffuse, elle absorba un peu d'acide carbonique.

Le premier jour, par un temps sombre, de dix heures du matin à quatre heures du soir, elle retint 5 centimètres cubes d'acide carbonique.

Le lendemain, par un temps clair mais toujours à l'ombre, elle en absorba 13 centimètres cubes, dans le même temps que la veille.

Le 20 juin, j'exposai cette plante au soleil pendant une heure, température 25 à 30°, et j'aspirai ensuite l'air de la cloche à l'ombre, pendant deux heures.

Acide carbonique mis sous la cloche	110 ccc
id. recueilli dans l'eau de barite.......	43
Différence	67
Il convient de déduire ce que cette plante a pu absorber en deux heures d'ombre, temps clair	2
Acide absorbé en une heure de soleil	65

Le lendemain, opérant dans les mêmes conditions que la veille, j'exposai cette plante au soleil pendant trente minutes et je constatai une absorption de 34 à 35 centimètres cubes, soit en une heure environ 69 centimètres cubes d'acide carbonique.

Septième expérience.

Soleil, elianthus nnuus.

A l'ombre, le tournesol exhale de l'acide carbonique en quantité variable suivant son état de développement, l'intensité de la lumière diffuse, etc. Ayant expérimenté sur quatre sujets différents, de 30 à 50 centimètres de hauteur, ils expirèrent des proportions différentes d'acide carbonique. Toutefois celui sur lequel je fis les observations suivantes en émit en si faible quantité dans l'espace de huit heures que je pus sans erreur sensible ne pas en tenir compte.

Ce tournesol avait 35 centimètres de hauteur, il était muni de 16 feuilles bien saines et ne présentant aucune tache.

Je l'exposai pendant trente minutes au soleil, température 25°.

Acide carbonique mis là sous la cloche	....	110^{ccc}
id.	recueilli dans la baryte...........	37
id.	absorbé	73

L'absorption en une heure fut de 146 centimètres cubes.

Le lendemain, cette plante décomposa, en une heure, 152 centimètres cubes d'acide carbonique.

Huitième expérience.

Lilas.

En entreprenant les observations suivantes, je m'étais proposé de rechercher si la proportion d'acide carbonique mise en présence d'une plante a de l'influence sur ce que je crois pouvoir appeler *sa capacité d'assimilation*, c'est-à-dire si cette capacité varie avec la quantité d'acide carbonique et dans quel rapport.

Je me servis à cet effet d'un jeune lilas ayant en tout 32 feuilles.

Au mois d'août, je l'exposai au soleil pendant trente minutes, température 20 à 25°

Acide carbonique mis sous la cloche	....	110 ^{ccc}
id.	recueilli dans la baryte............	23
id.	absorbé en 30'	87

Cette plante fixa donc en une heure le carbone de 174 centimètres cubes d'acide carbonique.

Le lendemain, à la même heure et dans des conditions sensiblement égales, je ne mis sous la cloche que la moitié du volume d'acide employé la veille, c'est-à-dire 55 centimètres cubes, et ne fis durer l'exposition au soleil que 15 minutes.

Acide carbonique mis sous la cloche	....	55 ccc
id. fixé par l'eau de baryte	....	12
id. absorbé en 15′	....	43

C'est-à-dire qu'en une heure cette plante décomposa 172 centimètres cubes de gaz carbonique, conséquemment une quantité à peu près égale à celle de la veille.

Enfin le troisième jour, j'augmentai la proportion de gaz carbonique jusqu'à 330 centimètres cubes, et j'exposai au soleil pendant une heure. La température dépassa de 5 à 6 degrés celle du jour précédent, mais le soleil fut plusieurs fois voilé par de faibles nuées et cette circonstance suffit pour diminuer sensiblement l'absorption.

Acide carbonique mis sous la cloche	....	330 ccc
id. non absorbé	....	172
Différence	....	158

La quantité absorbée par la plante en une heure a donc été de 158 centimètres cubes (1).

Les circonstances nombreuses qui influent sur le phénomène de

(1) Pour dépouiller l'air en contact avec la plante de tout l'acide carbonique qu'il contenait, il a fallu dans cette dernière expérience faire marcher l'aspirateur pendant fort longtemps, ce qui prouve que l'acide carbonique entre immédiatement en diffusion dans l'air extérieur, à mesure que celui-ci pénètre dans la cloche. Il faut, en général, aspirer d'autant plus longtemps qu'il y reste plus d'acide carbonique.

Cette observation, qui ne manque pas d'importance, démontre expérimentalement la rapidité de la diffusion d'un gaz dans un autre, et explique pourquoi on ne peut pas constater sensiblement plus d'acide carbonique à la surface du sol que dans les couches plus élevées de l'atmosphère.

l'assimilation du carbone ne permettent pas d'affirmer d'une manière positive que les plantes décomposent rigoureusement (toutes les autres conditions étant égales) le même volume d'acide carbonique, quelle qu'en soit la quantité contenue dans l'atmosphère. Cependant ces dernières expériences prouvent qu'il est inexact de dire que la faculté assimilatrice des végétaux varie en proportion directe de la quantité de carbone qui se trouve dans leur sphère d'activité ; que si cette proportion est double, l'assimilation est double, triple si elle est triple, etc. Cette hypothèse est incontestablement dénuée de fonment.

Nous avons vu précédemment que lorsqu'on fait arriver de l'air extérieur dans une cloche contenant une plante, cet air est généralement dépouillé sous l'influence des rayons solaires de toute trace de gaz carbonique. En opérant ainsi, on ne fournit pas aux végétaux le volume d'acide carbonique nécessaire, parce que l'aspirateur ne peut couler qu'avec une vitesse limitée, mais dans l'atmosphère, ils assimilent facilement, dans un temps déterminé, la quantité de carbone que j'ai évaluée approximativement dans mes recherches précédentes.

En admettant que l'atmosphère renferme 4/10000 d'acide carbonique, il suffirait à la plante de colza utilisée dans l'expérience 1 d'exercer son action sur un volume de 4 hectolitres d'air en une heure, pour s'approprier les 166 centimètres cubes d'acide carbonique qu'elle avait absorbés.

Il est facile de comprendre que cette proportion d'acide carbonique peut aisément se trouver en l'espace d'une heure, dans la sphère d'activité de cette plante, surtout si l'on considère que par l'absorption de quelques molécules de ce fluide élastique, l'équilibre est rompu dans une petite portion de l'espace, et qu'aussitôt par leur tendance à la diffusion, les molécules voisines de même nature viennent remplacer celles qui ont disparu.

IV.

Les plantes exhalent pendant la nuit de l'acide carbonique, ce qu'elles en absorbent sous l'influence de la lumière solaire est beaucoup plus considérable que ce qu'elles perdent dans l'obscurité.

L'expiration nocturne des végétaux a été constatée depuis longtemps par Ingen Housz et par d'autres observateurs. Cependant, à ma connaissance, on n'a pas cherché jusqu'aujourd'hui à apprécier numériquement la proportion de carbone qu'un végétal déterminé peut perdre pendant l'obscurité, par suite de cette fonction.

Il n'a pas été prouvé non plus, que la quantité de carbone exhalée pendant la nuit est beaucoup moindre que celle qui est absorbée pendant le jour sous l'influence de la lumière du soleil.

Il m'a paru très-intéressant de rechercher le rapport qui existe entre l'assimilation diurne et l'expiration nocturne. A ce sujet, j'ai fait un certain nombre d'expériences que je vais exposer dans le chapitre suivant

Je dirai d'une manière générale que pour faire ces expériences, je mettais à la chute du jour les plantes que je voulais observer ssou la cloche de mon appareil, et je faisais couler l'aspirateur pendant toute la nuit avec une vitesse modérée. Le lendemain matin, je provoquais un écoulement plus rapide jusqu'au moment où la lumière était répandue sur tout l'horizon.

Ainsi que dans tous les essais précédents, je déterminais la quantité d'acide carbonique exhalée, par le dosage du carbonate de baryte recueilli dans le récipient D.

Ces déterminations ne sont nécessairement pas rigoureuses, parce qu'il n'y a pas une limite tranchée entre le jour et la nuit, mais comme généralement la quantité d'acide carbonique exhalée par les plantes dans l'obscurité n'est jamais considérable et que, du reste, j'avais soin le matin de *balayer* ma cloche à la lumière diffuse, il en résulte que les chiffres obtenus sont aussi exacts que je pouvais le désirer.

Cela posé, je vais faire connaître les résultats obtenus avec la plupart des plantes employées dans les expériences du dernier

Colza. Au mois d'avril, la plante de colza (de l'expérience 1) exhala pendant toute la nuit, depuis sept heures du soir jusque vers cinq heures du matin, température 10°,

42 centimètres cubes d'acide carbonique.

Nous avons vu précédemment que pendant le jour, elle avait absorbé en une heure 166 centimètres cubes de gaz carbonique sous l'influence des rayons solaires.

A l'aide de ces chiffres on peut faire un rapprochement fort important au point de vue de la Physique végétale : *C'est que la proportion d'acide carbonique absorbée par le colza au soleil est bien plus considérable que celle qui est exhalée pendant la nuit.*

Si l'on suppose cette plante soumise pendant douze heures de jour à la lumière solaire, elle assimilera pendant cet intervalle le carbone de............... 1992 ccc acide carbon.

En 2 heures à l'ombre elle exhale	5 ccc	
En 10 heures de nuit	42	47
Différence.......		1945

Cette plante peut donc décomposer en vingt-quatre heures près de 2 litres d'acide carbonique, c'est-à-dire qu'elle assimile dans ces conditions par ses feuilles environ 1 gramme de carbone provenant de 4 grammes d'acide carbonique.

On s'explique par ce résultat l'accroissement rapide qu'acquiert le colza lorsqu'il est favorisé par un soleil vif et que le sol dans lequel il végète est suffisamment humide et pourvu du reste de tous les autres éléments nécessaires à sa végétation. Si le temps est sombre, il reste stationnaire ou à peu près, quelques jours de soleil lui procurent un développement considérable. C'est ce que remarquent bien les personnes qui habitent les champs.

En supposant, au minimum, que cette plante ne reçoit les rayons du soleil que pendant une heure sur vingt-quatre, la quantité de carbone qu'elle gagne est encore supérieure à celle qu'elle perd. En effet :

En une heure elle absorbe		166 ^{ccc} acide carbon.
En 10 heures de nuit elle perd ...	42 ^{ccc}	74
En 13 heures de lumière diffuse...	32	
Différence		92

Enfin, si cette plante était soumise constamment à la lumière diffuse, son accroissement n'aurait plus lieu. Alors, ainsi que je l'ai constaté directement, ses feuilles jaunissent, s'étiolent et deviennent bientôt la proie des insectes. Ses bourgeons floraux avortent, la plante dépérit enfin, parce qu'elle ne peut plus s'assimiler un de ses aliments essentiels. (1)

Il y a cependant des végétaux qui croissent à l'ombre et qui acquièrent conséquemment du carbone en l'absence des rayons directs du soleil. Il faut admettre qu'alors ces végétaux trouvent ce principe dans le sol où ils le puisent par leurs racines et qu'ils en absorbent en même temps par leurs feuilles sous l'influence de la lumière diffuse.

La linaire (linaria cymbalaria), le saxifrage (saxifraga filipendula), le lierre, la petite pervenche, etc., sont de ce nombre. Ces plantes croissent à l'ombre, mais avec beaucoup plus de lenteur que lorsqu'elles sont exposées au soleil. On rencontre dans les lieux obscurs des forêts, des végétaux qui s'y maintiennent en vie, mais

---

(1) Au mois de juin, je mis dans une grande caisse avec sa terre une jeune betterave en pleine végétation, et je la plaçai dans une situation où elle ne pouvait pas recevoir les rayons du soleil.

Au moment où je fis cette opération, les betteraves voisines contenaient 3,79 pour cent de sucre.

Cette betterave resta exposée pendant trois mois à l'ombre absolue ; ses plus plus grandes feuilles jaunirent, et il en poussa de petites au centre du collet.

Quand je l'arrachai de terre, je remarquai qu'elle n'avait pris aucun développement ; sa longueur était d'environ 10 centimètres, et sa plus grande largeur 25 millimètres. Elle ne pesait que 24 grammes. J'en fis l'analyse, et je constatai *qu'elle ne contenait plus aucune trace de sucre.*

généralement leur croissance a lieu au printemps, alors que les arbres ne sont encore couverts que de bourgeons.

Les autres végétaux étudiés dans le chapitre précédent, expirèrent également pendant la nuit des quantités peu abondantes de gaz carbonique et généralement ce qu'ils perdaient à l'obscurité n'était qu'une fraction de ce qu'ils absorbaient en une heure sous l'influence des rayons solaires.

Pois. Le 7 mai, les trois plantes de pois expirèrent pendant la nuit 24 centimètres cubes d'acide carbonique, en une heure de soleil (deuxième expérience) elles en avaient absorbé 80 centimètres cubes.

Fram-oisier. Le 13 mai, cette plante expira dans l'intervalle d'une nuit 27 centimètres cubes d'acide carbonique, en une heure elle en avait absorbé par un soleil incertain (troisième expérience) 96 centimètres cubes.

Lilas. Le lilas perdit pendant la nuit (26 mai) 29 centimètres cubes d'acide carbonique. En une heure de soleil (quatrième expérience), il avait fixé le carbone de 115 centimètres cubes d'acide carbonique.

verolle. Le 8 juin, la féverolle exhala 13 centimètres cubes d'acide carbonique; pendant le jour elle en avait décomposé en une heure d'insolation 93 centimètres cubes (cinquième expérience).

Soleil. Enfin, le tournesol (hélianthus annuus) expira pendant la nuit (10 juillet) 34 centimètres cubes de gaz carbonique.

Pendant le jour, il en avait décomposé 152 centimètres cubes. On peut faire pour cette plante un rapprochement analogue à celui que j'ai fait pour le colza, et constater ainsi qu'elle peut trouver dans l'atmosphère, la plus grande partie du carbone nécessaire à son développement.

Si on suppose cette plante soumise pendant quinze heures au soleil, ce qui lui arrive souvent à l'époque où elle est en végétation, elle absorbe alors en acide carbonique 2280ccc

En une nuit, elle expire 34

Différence............. 2246

C'est-à-dire qu'en un seul jour, elle peut dans cette supposition fixer le carbone d'environ 4 grammes 5/10 d'acide carbonique, *c'est-à-dire plus de 1 gramme 2/10 de carbone pendant ce laps de temps.*

On sait que le tournesol, dont la végétation a lieu pendant les mois les plus chauds de l'année, est une plante qui croît avec une rapidité excessive, quand ses racines peuvent puiser dans un sol humide les éléments essentiels à sa nutrition, et qu'en outre les feuilles sont exposées aux rayons du soleil.

Nous venons de voir que pendant la nuit, les végétaux n'expirent généralement que des proportions insignifiantes d'acide carbonique, comparativement à ce qu'ils peuvent absorber sous l'influence des rayons solaires. Souvent il leur suffit de quelques minutes d'insolation pour se récupérer du carbone qu'ils peuvent avoir perdu pendant l'obscurité. J'ai confirmé ce fait par des expériences diverses, de la manière suivante :

Le soir, je transportais mon appareil dans mon jardin, et je le plaçais en un lieu bien découvert, exposé le matin aux premiers rayons du soleil. Je laissais la plante à observer sous la cloche pendant toute la nuit, et le lendemain, dès que cet astre avait frappé les feuilles de cette plante, j'observais l'heure et j'attendais pendant 30 minutes.

Ce temps écoulé, je faisais couler l'aspirateur et j'ai constaté que le plus souvent après ces 30 minutes d'insolation, il ne restait plus de traces d'acide carbonique. La plante avait réabsorbé tout ce qu'elle avait expiré pendant la nuit.

Les végétaux sur lesquels j'ai fait cette observation sont :

Le framboisier, le lilas, la féverolle, la lychnide (lychnis chalcedonica), le soleil.

On a vu précédemment qu'il fallait généralement moins de 30 minutes à ces plantes pour absorber une quantité d'acide carbonique égale à celle qu'elles avaient expirée pendant la nuit. Mais le matin, lorsque le soleil est peu élevé au-dessus de l'horizon, ses rayons agissent obliquement sur les végétaux, et j'ai observé plusieurs fois qu'à ce moment ils ont moins d'efficacité.

V.

On sait que quelques physiologistes ont annoncé que, pendant le jour aussi bien que pendant la nuit, les végétaux aspirent par leurs racines de l'acide carbonique dans le sol, que sous l'influence de la lumière ce gaz est décomposé, mais que pendant l'obscurité, il passe à travers le tissu végétal, à peu près comme l'huile monte par capillarité dans une mèche de coton.

Si cette hypothèse était vraie d'une manière absolue, si l'expiration nocturne était la mesure de la quantité de gaz carbonique qui pénètre dans un végétal par ses racines, il serait prouvé que la presque totalité du carbone qui entre dans sa constitution est assimilée directement par les feuilles, puisque j'ai démontré que l'expiration nocturne est peu considérable comparativement à l'inspiration diurne exercée par ces organes.

Il est probable, toutefois, que pendant le jour, la quantité d'acide carbonique qui est fournie aux végétaux par leurs racines, est plus élevée que celle qui leur parvient par la même voie pendant la nuit.

Dans le désir de jeter quelque lumière sur cette question, j'ai fait plusieurs expériences qui n'ont pas donné des résultats concluants, mais qui, cependant, ne sont pas sans intérêt.

On a vu précédemment (expérience 4), qu'une féverolle n'a pas exhalé à la lumière diffuse de traces d'acide carbonique.

Pendant la même journée, je fis passer par le trou inférieur du pot un courant rapide de gaz carbonique et faisant fonctionner l'aspirateur, l'eau de baryte du récipient D resta parfaitement limpide.

On a vu pareillement que cette plante, pendant la nuit, avait aspiré 13 centimètres cubes de gaz carbonique.

La nuit suivante, je fournis encore de l'acide carbonique aux racines. Le dépôt de carbonate de baryte fut sensiblement le même que celui de la veille. Cette plante n'avait donc rien aspiré de l'acide carbonique qui avait été mis en contact avec ses organes radiculaires.

Evidemment si, pendant la dernière nuit, la féverolle avait exhalé une plus grande quantité de gaz carbonique, le problème était résolu, et on était autorisé à proclamer la vérité de l'hypothèse prématurément introduite dans la science, mais comme il n'en a pas été ainsi, la question reste indéterminée.

Il ne serait pas rationnel sans doute de conclure de cette observation, qu'il n'entre pas dans la plante par ses racines une certaine quantité de gaz carbonique. Ce gaz étant probablement aspiré à l'état de dissolution dans l'eau, on conçoit que dans la plupart des cas, les racines en trouvent suffisamment dans le sol où elles se développent et qu'un excès leur devient inutile. Toutefois, l'absorption de l'eau étant limitée, en la supposant même saturée de son volume d'acide carbonique, la quantité de carbone qui peut pénétrer par cette voie dans le végétal est moindre que ce qu'il acquiert par ses organes foliaires. (1)

Du reste, il ne paraît pas douteux que les végétaux acquièrent du carbone par l'intermédiaire de leurs organes radiculaires. M. Boussingault ayant démontré que l'air confiné dans le sol peut contenir jusqu'à dix pour cent d'acide carbonique, il est incontestable que ce gaz est appelé a exercer une fonction importante dans le phénomène de la nutrition végétale On trouve constamment de l'acide carbonique en dissolution dans la sève des plantes, et j'ai remarqué enfin, il y a

---

(1) Le physicien anglais Hales a trouvé que par la transpiration une plante de soleil de trois pieds et demi de hauteur (mesures anglaises, 1^{m} 067c), exhalait en douze heures de jour une livre quatre onces d'eau (567 grammes).

Si l'on suppose, au maximum, cette eau saturée de son volume de gaz carbonique cette plante en aurait absorbé, en douze heures 567 centimètres cubes.

On a vu précédemment qu'un hélianthe de 35 centimètres de hauteur, peut décomposer par ses feuilles, en 12 heures, 1824 centimètres cubes de gaz carbonique, c'est une quantité plus que triple pour une plante trois fois plus petite.

Hales observa en outre que pendant une nuit chaude, sèche et sans aucune rosée sensible, la transpiration n'était que d'environ 3 onces, mais qu'aussitôt qu'il y avait tant soit peu de rosée, il ne se faisait plus de transpiration.

Il résulterait de là que, pendant la nuit, les plantes n'absorberaient que peu d'acide carbonique par leurs racines, et le plus souvent pas du tout.

peu de temps, que si l'on arrose deux jeunes carottes rigoureusement pareilles d'abord et croissant dans le même sol, l'une avec de l'eau ordinaire, l'autre avec la même eau saturée de gaz carbonique, celle-ci se développe avec plus de rapidité que la première. (1)

L'expiration nocturne est probablement en grande partie le résultat d'une action chimique exercée sur la plante elle-même.

Un végétal détaché de sa racine et mis le pied dans l'eau pure, expire pendant la nuit du gaz carbonique en quantité moindre, toutefois, que lorsqu'il est encore pourvu de ses organes radiculaires. Si on le laisse en permanence sous la cloche de mon appareil, en ayant soin d'éviter qu'il absorbe du gaz carbonique, il continue à en exhaler pendant les nuits suivantes.

J'ai fait la même observation avec les plantes de colza, des fèves dont les racines plongeaient dans de l'eau distillée.

Une belle fritillaire impériale, végétant dans un grand pot, fut placée sous la cloche de mon appareil dans la situation représentée figure 3.

Pendant toute la nuit, elle expira 23 centimètres cubes d'acide carbonique.

Le lendemain matin, je coupai la tige au niveau du sol. J'enlevai le pot, et je mis l'extrémité inférieure de cette tige dans un flacon d'eau pure couverte d'une couche d'huile. La nuit suivante, la quantité d'acide carbonique expirée fut de 16 centimètres cubes.

On peut conclure de ces expériences que le gaz carbonique exhalé pendant la nuit tire son origine de la tige et des racines. Toutefois, dans des circonstances exceptionnelles, lorsqu'une plante transpire pendant l'obscurité, il est probable qu'elle en emprunte au sol environnant une petite quantité, qui passe dans ses tissus sans être décomposée.

---

(1) Des observations analogues ont été faites, il y a longtemps, par Sennebier, Ruckert, et plus récemment par M. Lecocq, professeur d'histoire naturelle à la Faculté des sciences de Clermont (Puy-de-Dôme).

Je ne m'étendrai pas davantage sur l'absorption du gaz carbonique par les racines, me réservant de faire connaître ultérieurement les expériences que j'ai entreprises sur ce sujet. Toutefois, j'ai cru devoir présenter les observations par lesquelles je viens de terminer ce mémoire, afin de n'être pas accusé d'attribuer aux feuilles une part trop exclusive dans l'assimiliation du carbone par les végétaux.

CONCLUSIONS.

Des expériences qui précèdent, on peut conclure :

1° Que les végétaux exposés à l'ombre exhalent presque tous, dans leur jeunesse une petite quantité d'acide carbonique ;

2° Le plus souvent, dans l'âge adulte, cette exhalation cesse d'avoir lieu ;

3° Un certain nombre de végétaux possèdent cependant la propriété d'expirer de l'acide carbonique, à l'ombre, pendant toutes les phases de leur existence.

4° Au soleil, les plantes absorbent l'acide carbonique par leurs organes foliaires, avec plus d'activité qu'on ne le supposait jusqu'aujourd'hui. Si l'on compare la quantité de carbone qu'elles assimilent ainsi, avec celle qui entre dans leur constitution, on est obligé de reconnaître que c'est dans l'atmosphère, sous l'influence des rayons du soleil, que les végétaux puisent une grande partie du carbone nécessaire à leur développement.

5° La quantité d'acide carbonique absorbée pendant le jour au soleil par les feuilles des plantes, est beaucoup plus considérable que celle qui est exhalée par elles pendant toute la nuit. Le matin, il leur suffit souvent de trente minutes d'insolation pour se récupérer de ce qu'elles peuvent avoir perdu pendant l'obscurité.

Je suis bien éloigné de penser que les faits que je viens d'exposer sont suffisamment étendus pour ne laisser désormais aucune incertitude dans l'esprit sur le rôle de l'acide carbonique dans la végétation.

Je suis convaincu plutôt que je n'ai fait que l'ébauche d'une série de recherches qu'il ne sera pas donné à un seul observateur de compléter; et je ne doute pas que d'autres après moi, abordant le même sujet, sauront découvrir dans cette voie féconde des phénomènes nouveaux, des horizons encore inaperçus.

En effet, il ne suffit plus aujourd'hui d'avoir la preuve que la vie végétale puise dans l'océan atmosphérique une partie des éléments nécessaires à son développement, il faudra désormais que l'observateur abordant les détails, étudie les causes complexes qui peuvent modifier ce phénomène, telles la nature du sol, son humidité et sa composition chimique; la forme mille fois variable des végétaux et de leurs feuilles, leur coloration, les appendices dont ils sont doués et surtout l'époque de leur existence, la température de l'air, l'influence des saisons, et l'inclinaison des rayons solaires, etc., etc. Ce sujet est immense et hérissé de difficultés comme toutes les études qui ont pour but les lois de la vie, mais nul autre peut-être ne peut offrir à l'observateur plus de jouissances intellectuelles, plus de satisfaction morale.

C'est le sort de toutes les acquisitions de l'esprit de reculer les bornes de la science, à mesure que de nouvelles vérités viennent enrichir le domaine des connaissances de l'homme. La nature, comme le Protée antique, multiplie ses formes sous les regards de l'observateur, et, lorsque celui-ci saisit un de ses arcanes, il reconnaît que pour une loi acquise, mille problèmes nouveaux se révèlent à son intelligence, et lui imposent une nouvelle activité.

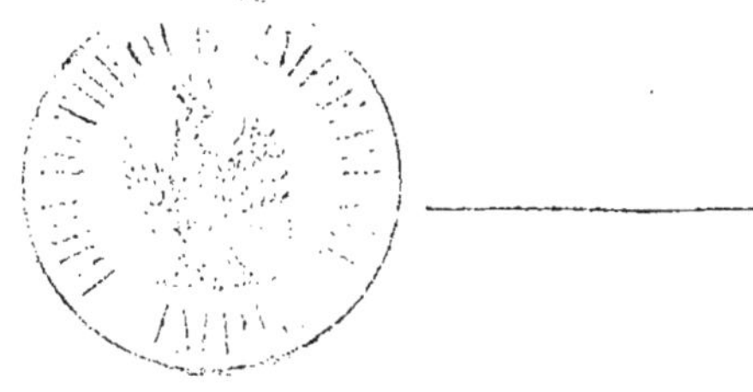

Lille-Imp. L. Danel.

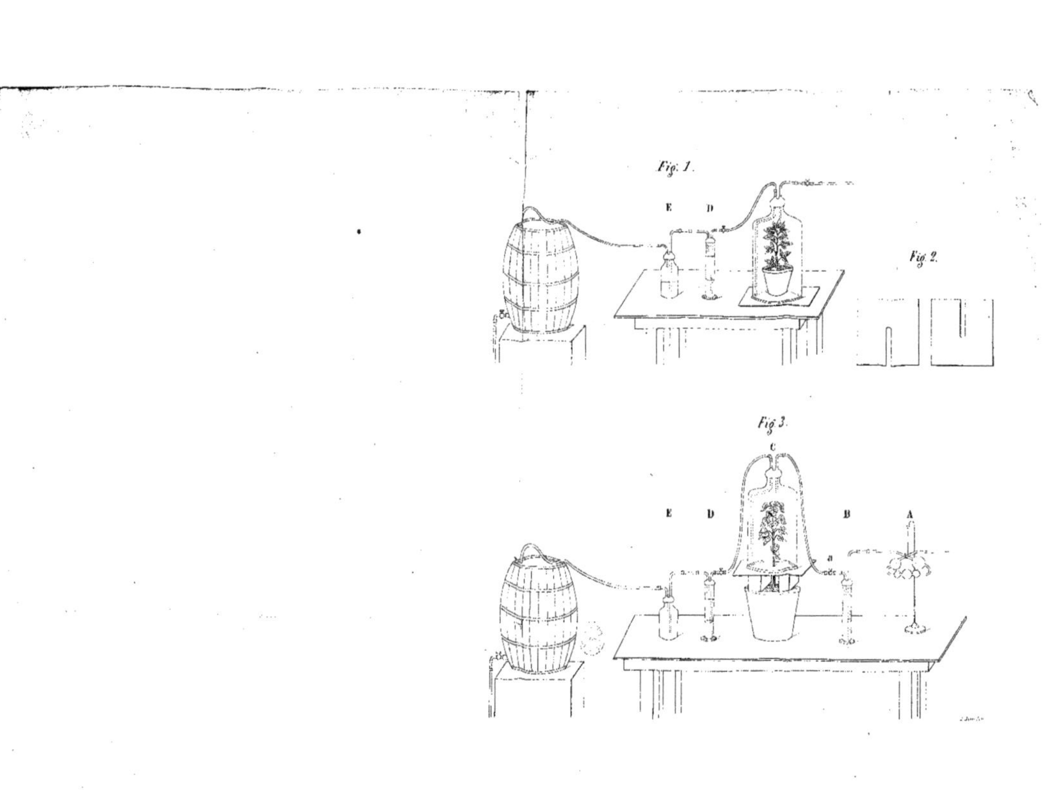
Fig. 1.
E
D
Fig. 2.
Fig. 3.
C
E
D
B
A

www.ingramcontent.com/pod-product-compliance
Ingram Content Group UK Ltd.
Pitfield, Milton Keynes, MK11 3LW, UK
UKHW012305240726
13966UKWH00004B/1645

9 782011 339904